e
a
s
e

U0338381

慢得刚刚好的生活与阅读

橡皮章

手感生活

晓兰 著

化学工业出版社

·北 京·

简单一块橡皮擦，花一点儿巧思，多一点儿创意，立即变身图案各异的印章，印在卡片、T恤、杯垫、餐具上，生活因附着上这份独有的色彩，而变得乐趣无穷。本书中，橡皮章达人晓兰，分享她多年来雕刻橡皮章的心得，通过工具材料介绍、刻章技法、从易到难的刻章进阶法、素材选择、橡皮章衍生作品等多堂课程，让读者爱上橡皮章手感生活。

图书在版编目（CIP）数据

橡皮章手感生活 / 晓兰著 .— 北京：化学工业出版社，2018.8
ISBN 978-7-122-32346-0

Ⅰ . ①橡⋯　Ⅱ . ①晓⋯　Ⅲ . ①印章 – 手工艺品 – 制作
Ⅳ . ① TS951.3

中国版本图书馆 CIP 数据核字（2018）第 124300 号

责任编辑：张　曼　龚风光　　　　　　　　装帧设计：唐一丹　朱廷宝　梁　潇
责任校对：王素芹

出版发行：化学工业出版社（北京市东城区青年湖南街 13 号　邮政编码 100011）
印　　装：天津图文方嘉印刷有限公司
710mm×1000mm　1/16　印张 9¾　字数 100 千字　2018 年 8 月北京第 1 版第 1 次印刷

购书咨询：010-64518888（传真：010-64519686）售后服务：010-64518899
网　　址：http://www.cip.com.cn
凡购买本书，如有缺损质量问题，本社销售中心负责调换。

定价：39.80 元　　　　　　　　　　　　　　　　　　版权所有　违者必究

目 录

目 录

Chapter

3 小方法 刻橡皮章其实很简单

目 录

Chapter

4

小日子 橡皮章 × 手账本的创意生活

小梦想

我的生活充满乐趣

记得小时候，
我们总是拿着笔在橡皮上涂涂画画，
然后炫耀着自己创作的、
印在书籍本子上的小图案。

长大后，
我们似乎渐渐忘记儿时那单纯美好的回忆。

如今我很庆幸，
我又通过这一枚枚小小的橡皮章，
找回那失落许久的记忆，
并从中获得了生活的乐趣与希望……
希望你也可以！

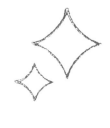

爱
上
橡
皮
章

　　橡皮章可以说是一种很"平易近人"的手工，已经有越来越多的人知道橡皮章，去了解、去尝试。而橡皮章的意义不单单在于刻出一个多么漂亮的作品，而是在这个作品里融入的热情和喜爱。橡皮章不需要你有高超的绘画和雕刻技巧，一块橡皮，一把刻刀，加之相当的时间和耐心，任何人都可以刻出赏心悦目的作品。

　　手工种类繁多，我喜欢尝试，常常是看到中意的就想要去试一试。每一种手工类型都有它忠诚的追随者，在社交网络的推动下，更多的手工种类逐渐被大家知道。橡皮章亦是如此。它使人"上瘾"，一旦刻上就停不下来。我喜欢刻章，它让我把对一些动漫人物的喜爱实体化，它可以使人放松专注，简单亲切得不可复制。从最开始刻章，到思索如何把线条刻得均匀，如何把留白挖得工整，而后进一步地思考怎样进行创新，这是一个过程，娴熟的技巧是为之后从容地刻出动人的作品所做的铺垫。

我
的
第
一
个
橡
皮
章

　　决定辞职之后，我有半年多的时间很迷茫，不知道以后该做些什么，只是偶尔捏捏黏土作为日常的娱乐和消遣。有一天，朋友在微博上 @（转发）我一条橡皮章作品的博文，我想起自己儿时也在课堂上用小刀切过橡皮，胡乱地刻一些可爱的图案、爱心、花朵，简单而充满童趣。因此看到微博上的橡皮章上精细的线条、华丽的图案时，第一感觉并不是新鲜好奇，而是一种重逢。当时完全没有想到可以去网络上搜索材料，也不知道有专用的雕刻橡皮，只凭一腔热血开始寻找购置材料。走了几家文具店，找到了能买到的"最大"的橡皮，大概是5cm×10cm，甚至连高考橡皮也尝试着用过，花十几块钱买了一支笔刀，还配有可替换的刀片，一张办公用布面印台。就这样，开始了首次尝试。

　　没有什么理由的，刻了当时在看的一部动画里的人物，虽然说是没什么技巧，成品线条粗糙，细节也是各种"惨不忍睹"，但是抵挡不住成就感的满溢。"成就感"正是我如此热爱橡皮章的一个原因。

橡皮章让我找到了梦的出口

辞职至今已有三年多，手工已经渗入了我生活的每一个部分，我所做的每一个选择都离不开它，庆幸的是我始终都没有放弃，因此我才能不断地拥抱这些双手创造的美好。当初"以玩养玩"这个看似有点儿冲动的想法，才一直被我坚持到了现在。没有了朝九晚五的生活纵然有许多坎坷，但是橡皮章给了我很大的"支持"，它不仅仅是一个契机。

在我心里，从来没有把手工当作一种工作，因为有了选择，因为有了天马行空的余地，所以它对我来说始终是爱好。一方面自己可以"任性"地决定要创造什么，另一方面承接定制的过程中还可以帮助别人创造。尽管创作的过程中难免会有无可奈何，但是用平和的心态面对，依旧可以保持激情和创造力来支撑自己最初的热爱，是自己的态度决定了她永远不是我的负担。

当初我给自己的梦找到了一个出口，橡皮章也能继续伴我寻找未来的方向。

刻橡皮章的入门知识

玩橡皮、刻橡皮，
是我们从小就无师自通的本领。
橡皮在对生活充满爱的我们的手中，
总能发挥着无穷的妙用！
它已经不再只是单纯的使用工具了，
看到每一个呈现在橡皮章、纸张上的图案，
是满心暖暖的、小小的成就感。
像了解自己的好朋友一样，
了解关于刻橡皮章的入门小知识，
会让你更懂刻橡皮章这件事！

常用工具

　　拥有一套好用的橡皮章工具可以让你轻松体验橡皮章的乐趣。刻章的必备工具主要有刻刀、橡皮、铅笔、印台；辅助工具有垫板（也可用厚杂志代替）、可塑橡皮、胶带、美工刀、硫酸纸、拨片等。

1. 雕刻刀

　　常备几把不同角度的刀片是有必要的，雕刻表面图案、切块、铲平留白等根据不同的用途来选择不同的雕刻刀，能让雕刻事半功倍。

① 30°刀片的笔刀　　　② 45°刀片的笔刀

③ 22.5°刀片的笔刀

④ 30°替换刀片

⑤ 45°替换刀片

① 30°刀片的笔刀

大多数比较常用的是 30°刀片的笔刀，最近用得比较顺手的就是 NT 的极细，笔杆细，握着也比较舒服。比较常用的 30°刀片还有 OLFA 的 AK-3（俗称小黄），以及 NT 的彩色笔刀。用来刻章的笔刀一定要挑一把自己最顺手喜欢的哦！推荐！

② 45°刀片的笔刀

常用的有 OLFA-LTD-09 和 OLFA 巧克力色笔身的笔刀。OLFA-LTD-09 笔身为全金属，较重，喜欢有重量感的可以试试这把。由于它刀刃较长，我常用这个来切外侧的平留白。

③ 22.5°刀片的笔刀

因为其刀刃在提到的几把笔刀中为最长，所以我通常用它把橡皮切成小块或者切外侧的平留白。另外，由于这款笔刀的刀尖比较细，因此也有些刻友用它处理细节。

④⑤ 30°和45°替换刀片

刀片用久之后会发生磨损，这样就可以替换上新的刀片（图示 30°、45°替换刀片）。现在一些替换刀片自带废弃刀片收纳，这样废弃的刀片就可以扔到废弃的刀片收纳里，如果没有就用纸包好再扔掉。

2. 木刻刀

木刻刀能雕刻出其专有的木刻效果，我常用丸刀、斜刀等处理平留白。

① 角刀

② 丸刀

③ 平刀

④ 斜刀

TIPS

三本组大号丸刀：可用来简单处理大面积留白。我常用它处理平留白。

3. 雕刻橡皮

雕刻橡皮是用于橡皮章雕刻的专用材料。无论是进口橡皮还是国产橡皮，都是新品繁多。每个人刻章习惯不同，因此需要多尝试几种橡皮才知道哪种最适合自己。下面推荐几款常见的橡皮。

① 犬白橡皮

② 国产凉粉

③ 国产双层和果冻

④ Hbt 三层夹心橡皮

⑤ 日本彩色橡皮、双层橡皮

① 大白橡皮

现在橡皮的种类之多，使得最初的大白橡皮似乎要被人们遗忘了。其实大白橡皮价格实惠，手感也很好，不韧不粘刀。缺点就是印久之后表面会变硬，线条也会没有原来的细致。

② 国产凉粉

这款橡皮样子美貌，也很耐用。刻之前要先分清楚雕刻面，较磨砂的一面比较适合雕刻，另一面光滑的较韧，不好下刀。

③ 国产双层和果冻

这款橡皮是近期的新品，价格亲民，性价比很高。部分双层是可揭开的，这样就省去了平留白的功夫。但是因为涂层比较浅，大面积留白的可揭部分容易在拍打印台的时候粘上印油导致不好清洗。

④ Hbt 三层夹心橡皮

在最初刻章的时候这也是比较常用的一款橡皮，可以更好地雕刻细节，现在出的很多国产橡皮和它的质感差不多。优点是耐用，印很多次也不会磨损细节。缺点是放置久了，较大的章，橡皮会变弯。

⑤ 日本彩色橡皮、双层橡皮

这两款橡皮下刀手感好，可以更好地雕刻细节，而且耐用，但比国产橡皮价格高一些。双层橡皮上面有涂层，可以更直观地看到自己雕刻的细节和图案。也有人并不喜欢日本橡皮的手感，觉得太软太滑，不好控制下刀。常用的有 SEED 双层雕刻橡皮和 Hinodewashi 单色雕刻橡皮。

TIPS

日本 Hinodewashi 这个牌子的橡皮还有夜光橡皮和印章专用雕刻橡皮。夜光橡皮雕刻后放在台灯下充分吸光再拍上印台，会呈现出非常美好的夜光效果。而印章专用雕刻橡皮在形状和颜色质感方面都很像玉石印章，有三种不同尺寸。

除了专门用来雕刻用的橡皮外，还有一种可塑橡皮，可以用来清理雕刻之后橡皮表面的橡皮屑，或者是用来粘掉雕刻完成后橡皮表面的铅笔印或残留的印油。

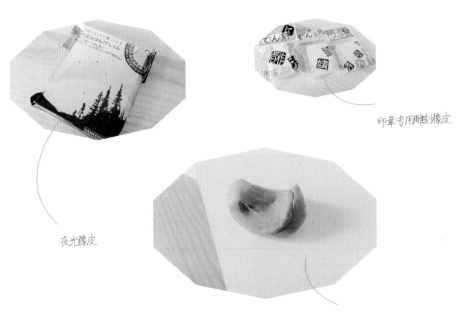

印章专用雕刻橡皮

夜光橡皮

可塑橡皮

4. 印台

印台的种类琳琅满目，大家只要根据图案和用途来选择合适的印台就可以了。海绵面的印台比较适合用来做渐变的效果，但是印台的印油难免会发生串色。还有专门印布的布用印台，印好之后用熨斗熨烫一下即可。像是月亮猫的高级细节和复古贴合这种布面印台，印出来的细节会很好，细条较细。下面介绍几款常用的印台。

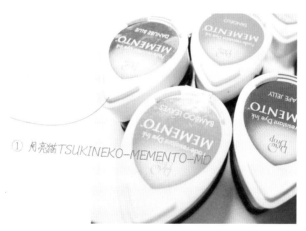

① 月亮猫TSUKINEKO-MEMENTO-MD

② 月亮猫TSUKINEKO-Versa Magic-GD

③ 月亮猫TSUKINEKO-BRILLIANCE-BD

④ 月亮猫TSUKINEKO-BRILLIANCE 三色印台

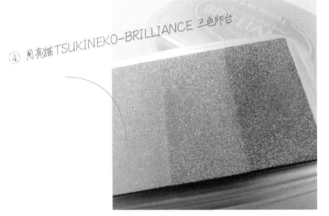

⑤ 月亮猫Classique-CQ 复古铁盒印台

⑥ 月亮猫TSUKINEKO VersaFine
高等细节印台

⑦ 月亮猫TSUKINEKO-VersaCraft
小间敞子特调色

⑧ 月亮猫TSUKINEKO- 津久井智子蚕豆印台

⑨ 月亮猫TSUKINEKO-VersaMark- 浮水印台

① 月亮猫TSUKINEKO-MEMENTO-MD

水性印台，36色，用于相片纸效果很好。因为残留在橡皮章表面的印油可以用水轻松洗掉。MD的印台比较适合套色印章的色块部分，颜色不会对主版线条造成覆盖。不可用于热缩。

② 月亮猫TSUKINEKO-Versa Magic-GD

水性印台，36色，整个系列的颜色都很小清新，常用来做套色，但是对主版的线条会有一点点覆盖。可用于热缩。

③ 月亮猫TSUKINEKO-BRILLIANCE-BD

水性印台，28色，带珠光。颜色比GD要感觉厚重一些。印油很容易清洗，可用于热缩。

④ 月亮猫TSUKINEKO-BRILLIANCE 三色印台

水性印台，一共6个组合，带珠光。与BD的珠光相比，这个系列的颜色要更清新些，细节也比BD要好。在拍印油的时候前后移动，可以有渐变的效果。可用于热缩。

⑤ 用亮猫Classique-CQ 复古铁盒印台

速干型油性印台，12 色。细节表现非常棒，用在相纸上效果很好。

⑥ 用亮猫TSUKINEKO VersaFine 高等细节印台

速干型油性印台，12 色，颜色较为鲜艳。这款印台顾名思义，做高等细节很棒，而且不易晕染。不过不可热缩，残留的印油不易清洗。

⑦ 用亮猫TSUKINEKO-VersaCraft 小间敏子手持调色

布用印台，30 色。可以印在布面上，等表面印油干燥后用熨斗熨烫一下固色，耐水洗。可热缩。

⑧ 用亮猫TSUKINEKO- 津久井智子蚕豆印台

布用印台，24 色。这是我最爱用的一套印台，很爱这一套的颜色，经常用来套色，唯一的缺点是不耐用。

⑨ 用亮猫TSUKINEKO-VersaMark- 浮水印台

黏性印台，可用于黏着凸粉。

TIPS

在使用印台时，要将印台表面向下，轻轻拍打橡皮章表面，直到表面的印油均匀。切记不要大力按压，否则粘在线条斜切面的印油会影响印制出来的线条质量。当印台已经快要印不出颜色或者已空时，可以购买印台补充液为印台补充颜色。补充液建议买原装的，购买时要注意颜色的型号。

5. 自动铅笔

在开始刻章之前，我们需要先描图。描图的质量对印章刻好后的效果有一定的影响。我所用的描图工具是自动铅笔。从 0.5~0.2 的自动铅笔，根据自己要雕刻的图案选择要用的铅笔，对线条有追求的可以用 0.2 的自动铅笔来描图。

6. 手柄

　　手柄可分为：实木手柄、软木手柄、原木手柄。软木手柄可以根据橡皮章的大小来裁制。价格也较便宜。喝完的红酒瓶的酒塞也可以用来做手柄哦！

　　手柄和橡皮之间可以用酒精胶或者502胶水来粘，都比较结实。

实木手柄 　　　　　　　　　　　　　　　软木手柄

原木手柄

红酒瓶塞

7. 其他工具

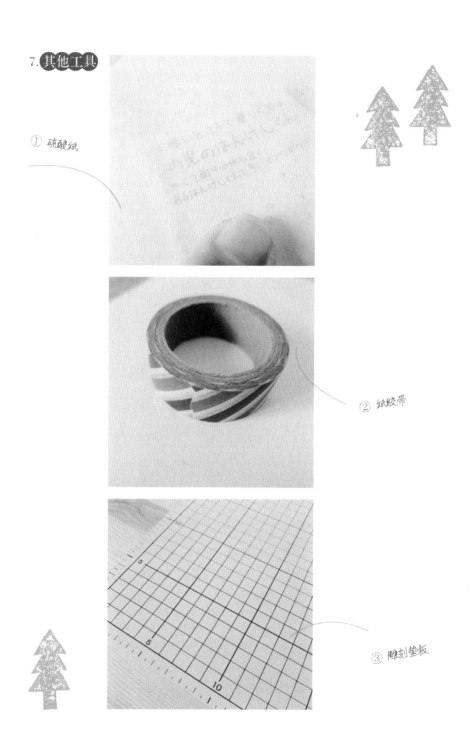

① 硫酸纸

② 纸胶带

③ 雕刻垫板

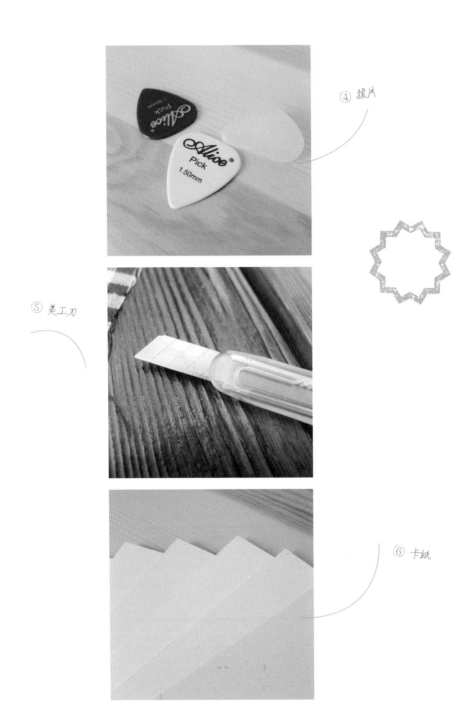

④ 拨片

⑤ 美工刀

⑥ 卡纸

① 硫酸纸

常用硫酸纸把描好的图案转印到橡皮上。

② 纸胶带

描图辅助工具，用来固定硫酸纸。

③ 雕刻垫板

切割橡皮时避免切坏桌面。

④ 拨片

转印时使用，是一件边缘较圆滑的物品。当找不到拨片时可以用硬币来代替完成转印。

⑤ 美工刀

常用来切割转印完的橡皮或外侧平留白。

⑥ 卡纸

用来印制橡皮章图案。也可以用来做书签、节日卡片等。

LINK：购入店铺推荐

推荐几家我常逛的小店，在这里可以买齐刻橡皮章的工具哦。

佛小花的店
刻章初期就经常在这家店买材料，工具材料都非常全，材料工具基本可以一站购齐。
http://fozhuo.taobao.com/
微博 @佛小花橡皮章材料店

kokia 的花花世界
橡皮章材料的店铺，纸品种类较多。推荐相纸。
http://moonsunghoon.taobao.com/
微博 @kokia_ 分裂 ing

魔法城堡橡皮章材料铺
雕刻橡皮种类多而且更新得很快，颜色都很可爱。印台价格也很便宜。
http://magiccas.taobao.com/
微博 @魔法城堡橡皮章材料铺

刻印前基本重点

充分了解橡皮的特性，懂得刻章前的一些小窍门，知道如何清理和保存橡皮章，不仅可以让你的橡皮章刻出来美美的，还能让它的使用寿命更长哦！

1. 清理防粘粉

日本进口的雕刻橡皮，表面会有一层防粘粉，转印之前把防粘粉清理掉，转印的图案才能清晰。可以用清水冲洗或者用可塑橡皮粘掉防粘粉。

2. 描图转印

将准备要刻的图案翻转，印到待刻的橡皮上。

① ② ③ ④

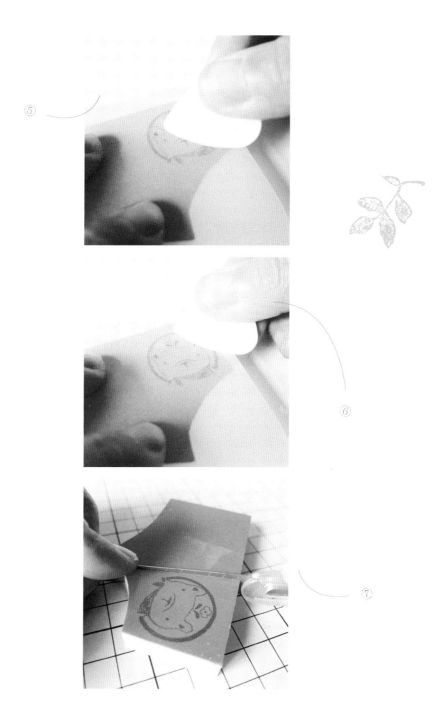

① 选好要刻的图案，线条要清晰。

② 用纸胶带把硫酸纸粘在要描的图案上。因为纸胶带黏性没有透明胶带大，所以不会伤到纸张。

③ 用铅笔描图。

④ 一些色块的地方不用全部涂满，大概带过几笔标记即可。

⑤ 将硫酸纸反转盖在清理过防粘粉的橡皮上，固定住硫酸纸，避免在刮图的时候移位。

⑥ 固定后用拨片（或者硬币等边缘平滑的物体）将图案刮印到橡皮上。

⑦ 转印完成，切下来就可以开始动手刻了。

TIPS

在雕刻的过程中，建议一边刻一边参照原图，避免出错。

3. 切块

　　将转印在一大块橡皮上的图案分成不同的小块。与在大块橡皮上同时雕刻很多图案相比，细分为小块的橡皮更容易转动操作。

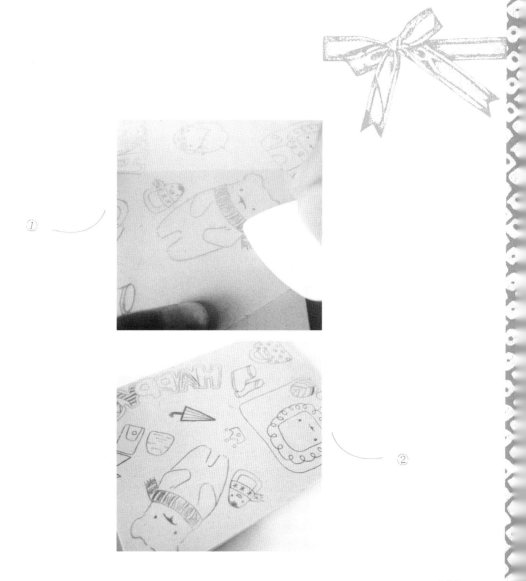

③

④

⑤

① 转印。转印的时候不同橡皮章的图案之间要有一定的间隔，保留自己觉得有把握可以完整切下来的空隙。

② 转印完的一块橡皮。

③ 把图案切下来，距离线条要留出一定的边缘。

④ 把所有图案切下来之后，再修整单个图章的边缘。根据个人习惯，橡皮章的边缘我不会留得太宽，在边缘可以一条线切下来的情况下，要比刀刃短，这样就比较容易切除平整的外部平留白。

⑤ 把橡皮切成合适的大小即完成切块工作。

4.清理

在橡皮章印完后如果想清理得比较干净，要尽快清洗。清洗也是有讲究的。

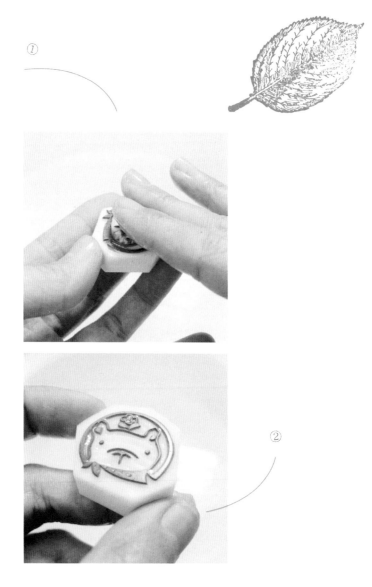

③

① 不要用水直接冲洗印章，先把手润湿涂抹肥皂，然后再涂到印章表面轻揉。大部分印台的印油都会搓掉，一些特殊的印台，如月亮猫的 Stazon 万能印台、高等细节印台就不太适用这种方法。

② 表面轻揉干净后，再用清水冲掉。大部分印章表面的黑色印油可以被清理掉，但缝隙里难免会残留一些印油。

③ 用纸巾擦干即可。

TIPS

如果不经常换不同颜色的印台，橡皮章就不要经常清洗，反复清洗会有损印章表面的线条。

5.

　　无论是刻完还是没刻的橡皮，都不要放在阳光直射的地方，刻完的印章可以用纸巾包好，用塑封袋包起来。放在铁盒或者是收纳盒里。

　　雕刻完的橡皮可以用卡纸在中间隔开叠加放置；不要让橡皮与塑料制品长时间直接接触，长时间会产生粘连，对橡皮造成损害。

　　一些新买的国产橡皮，表面会有一层油亮膜和外包装粘在一起，不要把包装袋拆开后保存，表面的那一层油亮膜可以使转印更加清晰。

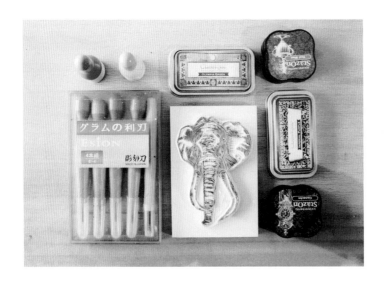

小方法

刻橡皮章其实很简单

想要不爱橡皮章真的很难!

因为它给了每个人无限的可能性!

它不像绘画那样,

有种高冷、拒人于门外的感觉,

只要你会描图就能拥有一张美丽的图画。

它没有复杂的技法,

只要你懂得基础的方法就能完成任何雕刻!

一块橡皮、一把刻刀、一支铅笔、一方印台,

你就可以通过橡皮,

实现你艺术家的梦想!

阳刻

阳刻，即凸线显形，是一种以凸出的线条为主构成画面的刻法。接下来，我以靴子图案为例，介绍阳刻的具体刻法。

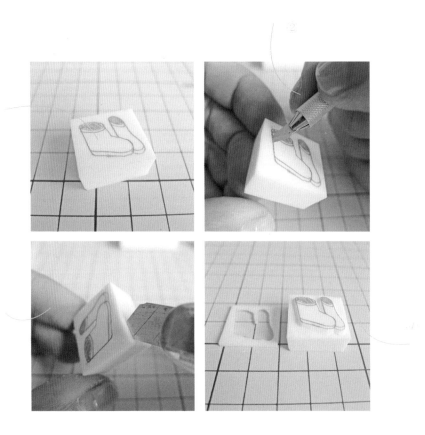

① 转印好的橡皮一枚，将不刻的大面积的部分涂黑。

② 刻出外部的轮廓。

③④ 侧切刻出外部的留白。刀刻下得够深，外侧的留白就可以完整地刻下来。

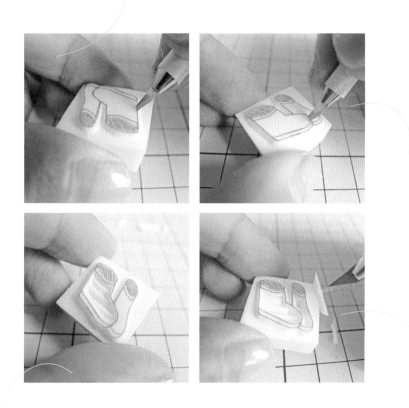

倾斜刻出靴子内部的轮廓。

　　有弧度的位置通过转动橡皮刻出来，拿着笔刀的手也要顺着橡皮的转动用力。

　　内部用了搓衣板留白（具体看 P048）的方法来刻。注意，比较窄的地方下刀要浅一些。

　　另外一只鞋子因为内部比较窄，可以整块地刻除。因为每一个角都比较明显，所以刻的时候不要一刀就刻出来。每一边都要单独刻一刀。

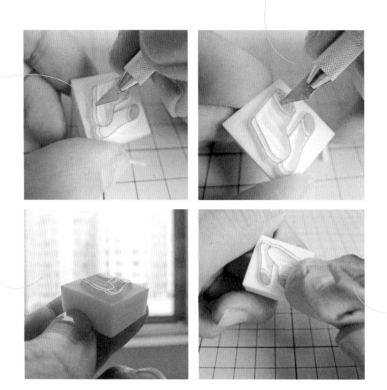

把两只靴子剩下空余的地方刻除。同样的，每一边都要单独刻一刀，不要一刀全刻完。

检查线条的粗细是否均匀。

清理表面的橡皮碎屑。

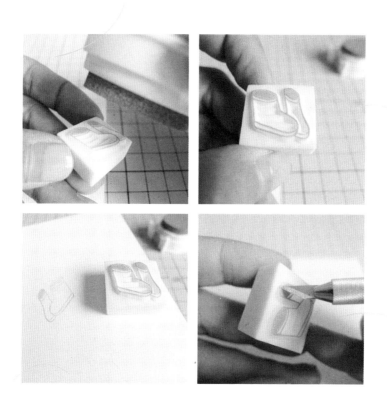

拍上印油，拍均匀。

试印橡皮章。

若发现印出来的图案线条不是很平滑，那么可以再稍作修整。

阴刻

阴刻，即凹线显形，是一种以凹下的线条为主构成画面的刻法。

　　① 转印好的橡皮一枚，阴刻的线条不要太细，因为印油在盖印的时候多少都会扩大一点点图案边缘而影响效果。

　　② 贴着外部的轮廓，刀倾斜向内。

　　③ 反过来再刻一刀，把叶子部分刻除。

　　④ 把这个图案茎的部分刻出来，先刻一侧，根据线条的粗细来控制下刀的深浅。

反过来再刻一刀刻除。

其他刻叶子的方法同　　　。

用可塑橡皮清理掉橡皮碎屑。

拍打印油。

试印，完成。

留白

留白，即突出主版内容，刻除不需要的部分和细节。只要能达到留白效果，方法就没有太大限制。也可以只用对应大小的瓦刀刻除留白的部分。这里常用到的是搓衣板留白和平留白，刻出来的效果相对美观。

搓衣板留白

搓衣板是留白的一种方法，简单，而且看上去干净整齐。在有稍大块需要留白的地方，平行等距地倾斜下刀，再反方向在刚才的斜切面中间位置下刀，切下来的三角点就和线条主体的平面有一定的距离，留白就完成了。

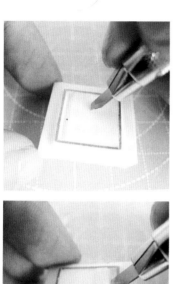

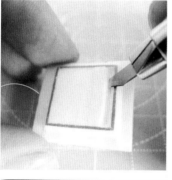

① 贴着内侧线条 45°下刀。

② 在距离内侧边缘一定距离（确保可以把橡皮切下来的距离）下刀。

③ 等距离平行 45°下刀，刀切得越直平留白就越好看。

④ 同一个方向切完之后反过来。

⑤ 在侧切面 45°下刀。

⑥ 依次切除。

⑦ 切好后的效果。

比如熊猫留言条的印章，就可以使用搓衣板留白的方法快速挖出留白。

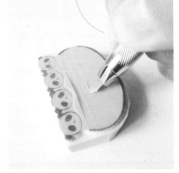

刀片 45°贴内侧线条下刀，刻好内轮廓。

等距离平行倾斜下刀。

刻好后反过来在刚才切面倾斜下刀，把橡皮切下来。

整齐美观的熊猫留言条印章就刻好啦。

2.

平留白就是利用工具使留白尽量达到平滑的效果。这里提到的只是一种方法，习惯因人而异，也可以自制留白工具哦。

 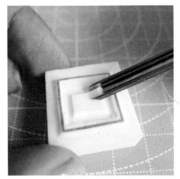

⑴ 贴着内侧线条 45°下刀。

⑵ 用大号丸刀先挖出一个大概的轮廓。

⑶ 贴着内侧线条的地方要留出一部分，不要全部挖掉。

⑷ 继续用丸刀把中间多余的部分挖掉，尽量挖得深度一致，避免稍后修整时出现太深的地方。

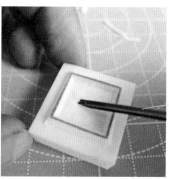

　　大号丸刀挖完的效果。

　　用斜刀把刚才留下来的边缘切掉。

　　用斜刀把刚才丸刀切的弧线凸起的部分一点点切掉。

　　手腕带动刀锋贴着橡皮表面上下滑动，一点点修整凸起的地方。

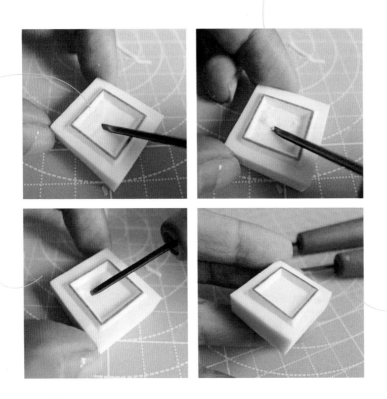

　　注意斜刀与橡皮接触的那面尽量与橡皮的表面保持平行，不要让刀尖向橡皮倾斜，倾斜角度越大会越切越深，也就会越刻越深了。

　　继续修整直至较为平整。

　　也可以用平刀向前推，把细微的不平整推平，直到把不满意的地方修平。

　　印章平留白完成。

要练习平留白，选择羊驼胖胖的身体来练习再合适不过！

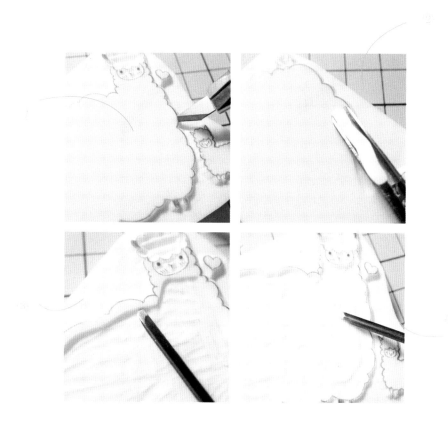

　　先把内部轮廓刻出来但不挖掉。

　　用大号丸刀把中间的留白部分挖掉，粗糙一点儿没关系，但是要注意不要挖得深浅不一，尽量保持同样的深度。贴近线条的部分先不刻。

　　刻好大概的样子后，用小号斜刀把贴近线条的部分挖掉，并尽量和刚才丸刀挖掉的部分保持同样的深度。

　　用小号丸刀把稍稍凸起的部分细化。

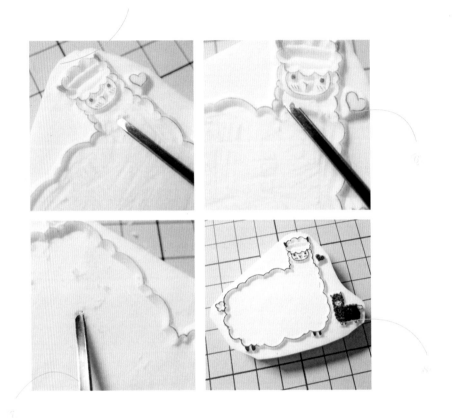

　　用斜刀倾斜着左右划动，尽量保持水平，这样就能把凸出的部分划掉了。

　　贴近线条的部分也用斜刀把多余部分划掉。当印章表现越来越平时，刻的时候就要越小心，不要越刻越深。

　　用小号平刀细化，继续使用斜刀也可以，反复细化到自己满意为止。

　　拍上印台，试印，完成。

3. 外侧平留白

外侧平留白即刻除主版内容外侧的部分。当线条外部橡皮短于刀刃或不好切掉时，我们就可以用外侧平留白的方法来切掉多余的部分。

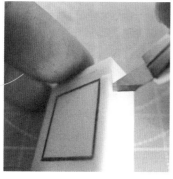

笔刀 45°下刀，将外部轮廓刻出来。

此图为错误示范。若想让外部平留白看上去整齐，不要刻除贴近线条的沟壑，只切第一刀。

笔刀侧切 2mm 左右的厚度，把多余的部分切下来。

完成。

常
见
线
条
刻
法

在刻橡皮章过程中，我们通常要使用到以下几种线条：直线、虚线、波浪线、锯齿线（小锯齿，大锯齿）和点（省略号、波点）。每一种线条的刻法不尽相同。

. 直线

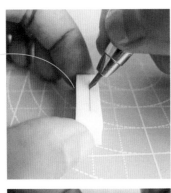
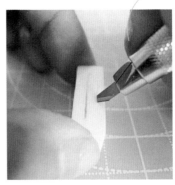

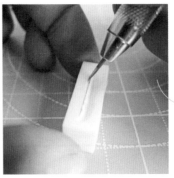

贴着线条的边缘，笔刀倾斜 45°下刀。

反过来切一个倒三角的形状，把边缘的橡皮切掉。

为②的完成图。

再切另外一面。

 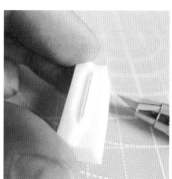

　　如果是外侧平留白，就用笔刀（或美工刀）侧着与橡
皮表面平行，把多出的橡皮切掉，显出线条。

　　为⑤刻完后的效果。

　　虚线

　　我用可爱的猫咪留言条来为虚线刻法做示范。

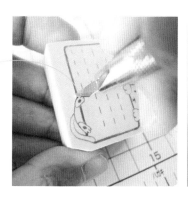 

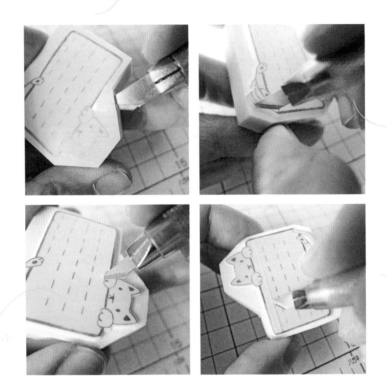

先把外轮廓刻好。

切好外侧平留白。

有刀没切到的地方可以再补刀。

像猫爪这里弧度不大、刀可以转得过来的位置可以直接一刀刻好，不用再次下刀。

把整个图案内侧的轮廓刻好。

原本要刻搓衣板的位置增加了几条虚线，但是还是按照搓衣板的方法，先把靠近线条的一条刻掉。

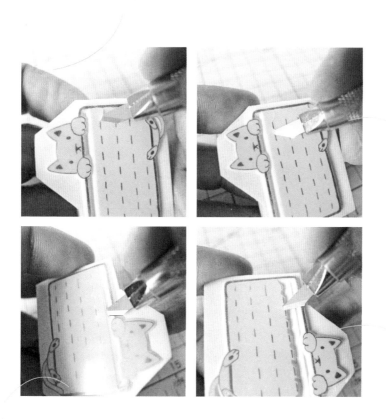

在虚线的空白一头外扩些下刀。

在虚线断开的位置往外侧凸出一些下刀,整条线的刻法与收尾和开头的方法一样,整条切掉。

切着虚线的另一侧下刀,这样刚才虚线断开挖掉的地方就不用在意,可以一条直线刻到尾。

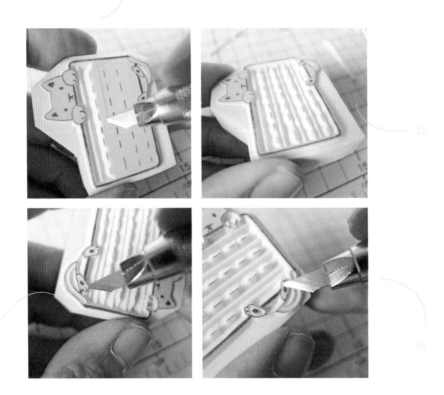

11　再把这一条刻掉，剩下的方法和之前的一样。参考图
6～10。

12　完成虚线的效果。

13　小爪子先把一侧刻到一个指头那里。

14　反过来从指头的另一侧下刀，切到刚才下刀的位置。

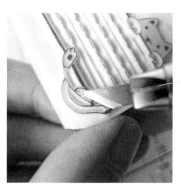

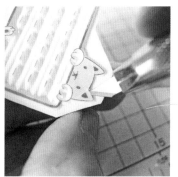

先把爪子一侧大块的部分切掉。

围绕着中间脚掌的圆弧下刀切到另一侧的脚趾一侧，然后再把这一块切掉。

耳朵先不刻，先把头部上面的轮廓刻出来。

从耳尖的部分下刀，再把耳朵另一侧的轮廓刻出来。

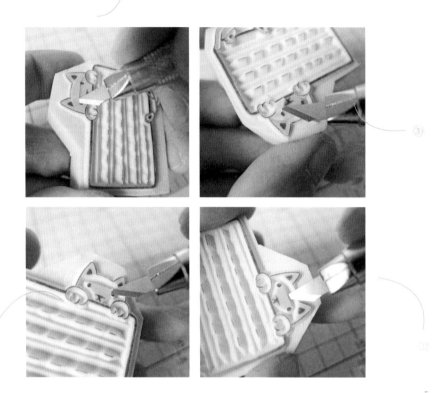

⑲ 笔刀贴着眼睛的一头把头部的橡皮切掉。

⑳ 切掉两侧连带的橡皮。切的时候笔刀顺着眼睛的轮廓，
这样可以直接把眼睛刻出来。

㉑ 中间没刻的部分，顺着眼睛的轮廓刻出来。

㉒ 用搓衣板的方法把橡皮切掉。

处理嘴巴和耳朵的细节。

粘掉橡皮屑，试印，完成。

波浪线

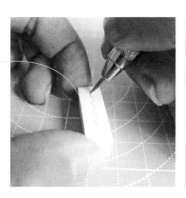
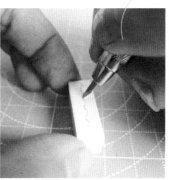

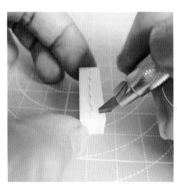
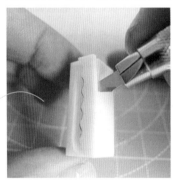
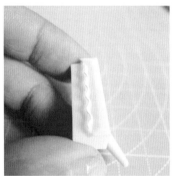

在刻的时候根据线的弧度来转动橡皮。

刻好后，反过来把橡皮切掉。

如果是外侧平留白，在切的时候就要根据弧线的弧度来控制入刀的深浅。

波浪线完成。

锯齿线

小锯齿

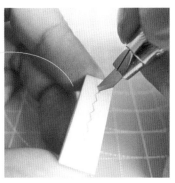 

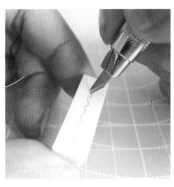 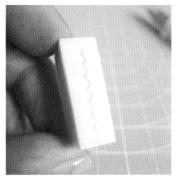

先刻一侧。

第二刀刻另外一侧。

以此类推。

线条轮廓刻完后的效果。

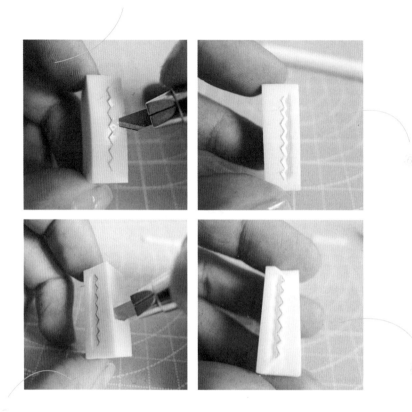

　　在刻轮廓的时候每一刀的深度要够，这样边缘才能切得干净，不用补刀。

　　为 的完成图。

　　如果是外侧的平留白，那么也要根据锯齿线条的远近，控制笔刀的深浅。

　　为 的完成图。

大锯齿

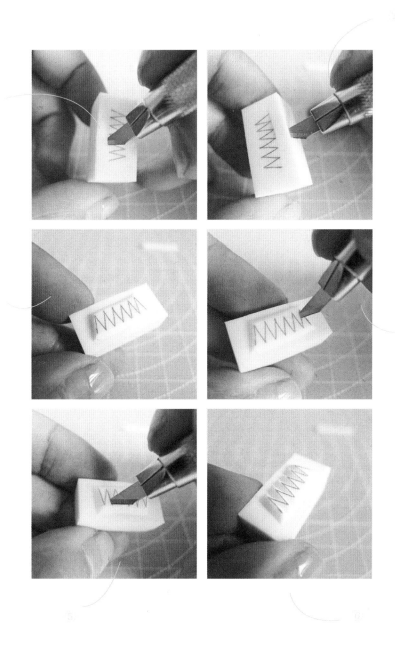

① 先把大概的轮廓刻出来。

②-③ 外侧平留白，把多余的橡皮切掉。

④ 把锯齿中的橡皮切掉，先一刀。

⑤ 反过来再下一刀。

⑥ 完成大锯齿线的雕刻。

5.点

漫画中的网点可以用下面这种方法刻出来。

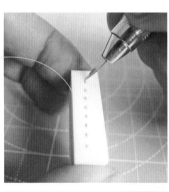 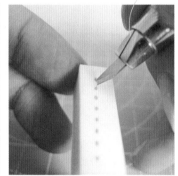

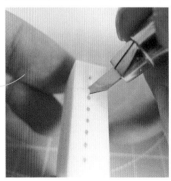 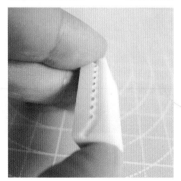

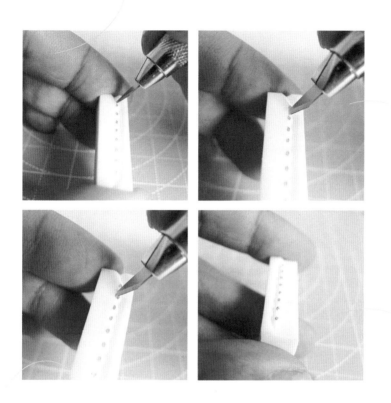

下刀的时候要绕着点的弧度。

点之间的空隙走刀的时候绕过去一点儿再收回来。

重复　的刻法。

下刀要深一点儿，这样下第二刀的时候才能完整地切掉。

反过来刻另外一面，下刀时和　相同。

空隙的地方绕进去一点儿，这样和另一侧的弧度可以形成一个柳叶形。

贴着点的弧度刻。

按照外侧平留白的刻法，把多余部分刻除。

除了细小的网点，我们也会刻一些波点来装饰画面。波点的具体刻法如下。

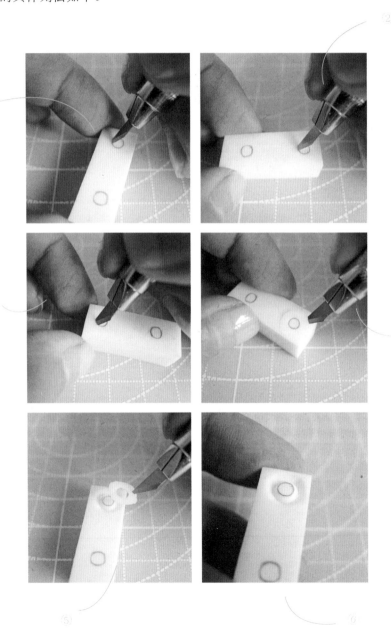

斜着下刀，一边刻一边转动橡皮。

把外侧的橡皮挖掉。

完成波点的雕刻。

LINK 1

修改不均匀的线条

当接触点经转印好的线条变粗，或线粗、香刻的时候更现此条不均匀，可以用笔刀一点点修润线条，要用手腕把住桌子保持平稳，这样才能保证线条的均匀，切记不要越刻越细。

LINK 2

检查线条是否均匀

雕刻完成好后，将转印线条全部擦掉，看不出线条是否的均匀，这时可以试着一个多雕的基本，检起来的时候变轻，就能看出线条是否来的均匀。

套色

有时候，我们希望一个印章图案能够有不同的颜色组合，来使得图案更加生动有趣，那么我们就需要用到套色。套色指的是不同色块分版，或与线条主版搭配出的印章图案。一些色彩分明的卡通图案，在刻好主版后，就可以用这种方法把不同颜色的部分刻出来。

我们以礼物盒子为例来介绍套色的具体方法。

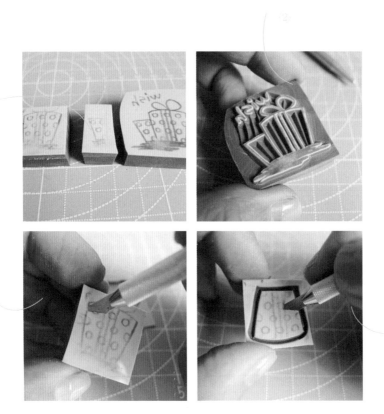

把要刻的转印好的橡皮切块。

刻出主要线条的部分。

刻出套色部分，边缘要刻在描好的线条中，不贴边刻，因为盖印的时候印油多少会溢出一点点，需要把这个空间预留出来。

挖掉波点的部分。

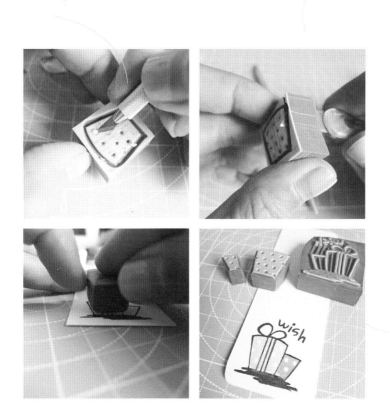

⑤　转动橡皮继续刻。

⑥　刻好后一手拿橡皮，一手根据刚才外侧线条的缝隙用美工刀把多余的橡皮切掉。

⑦　在印有主线条的卡纸上进行套色。这个图案一共有四个角。先对准一个角，再对准一条线上的一个角，再把整个橡皮往前盖印，在往前盖印的时候也要注意上面的两个角是否对齐，这样色块的盖印成功率会比较高。

⑧　同理完成旁边小色块的雕刻，选自己喜欢的颜色同方法盖在主线条上。这样就完成了一个礼物盒子的套色。

⑨　如果想给礼物盒子更换颜色，就用可塑橡皮粘掉印章表面残留的印油，再选择喜欢的颜色重新套色即可。

⑩　也可以更换不同的图案来印色块，这样又可以得到另外的效果哦。

　　我们也可以只用色块来印图案。比如下面这些可爱的蛋黄
酱瓶子。

　　简单刻出蛋黄酱的瓶子，盖上黄色印台，平铺印到卡
纸上。
　　配上红色的盖子，这样一张简单的蛋黄酱小卡片就完
成了。生活中许多小物件都可以用这种方法刻出来，色彩丰富
且可爱。

那些可爱的小印章

1. 萌萌小狗章

学习完基础的刻橡皮章小方法，就可以开始刻自己心仪的小印章了！我们一起来刻一个可爱的小狗章吧！

选择好要刻的图案，或者自己画出喜欢的萌物，用硫酸纸盖住要刻的图案，用纸胶带固定住硫酸纸然后描图。大面积的涂黑稍稍带过几笔即可，雕刻的时候要留意涂黑处，不要挖空。将描好的图纸反过来盖到橡皮上，用拨片刮拭图案（橡

皮上的防粘粉要清理掉）。因为图案较小，在不用胶带固定的
情况下，手指用力按住硫酸纸防止在转印的过程中图案移位。
把有图案的橡皮以最节省的角度切下来，然后再把多出来的边
角切掉，切记边缘橡皮不要留得太窄。

　　笔刀倾斜 45°左右，贴着外部线条把主体的外轮廓
刻出来。小狗领子的 V 字部分可以分两刀来刻。

　　轮廓切好后，笔刀侧切，将外侧的留白切出来。切除
外部的留白时，入刀的深浅要根据外部的留白宽度进行调整，
避免切掉线条的部分。刻的过程中尽量不要停顿，因为停顿会
有一点一点的刀痕，影响整体线条的美观。

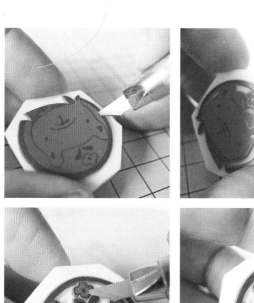

⑤ 把内部需要留白的地方挖空，一些比较窄的地方下刀浅一些，反过来再下一刀切掉，根据要挖掉部分的宽窄来决定下刀的深浅。

⑥ 刻小狗头上的花朵外侧时，把两侧空白部分取为一个"整体"。先把这个"整体"的轮廓刻出来，然后用搓衣板的方法挖掉。可以根据外面圆圈的弧度来刻搓衣板。

⑦ 现在来刻花朵。刻花朵中间的点，先在花朵的四周刻一个圈，注意不要刻得太深而把圆点挖掉。再贴紧圆点，一边转动橡皮，把旁边多余部分用刻搓衣板的方法挖掉。

⑧ 把四片花瓣中的留白部分挖掉。

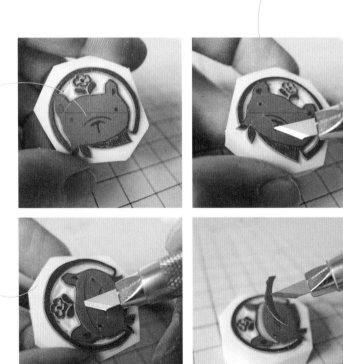

刻中间小动物的内部轮廓。耳朵是支出的部分，可以先刻脸的圆形轮廓。注意，圆的边缘要贴到耳蜗，与耳蜗之间不要留出距离。

把眼睛的轮廓挖好，然后鼻子和嘴这三个点我们先用一条线刻出来。

用刻搓衣板的方法把留白挖出来。如果深度够，就很容易刻掉。

脸部留白刻除后，紧接着把嘴部先前留出来的部分刻除。

最后把耳朵的内轮廓刻出来。

根据耳蜗的角度，看看怎么可以更简单地把两侧多余的部分挖掉。

橡皮章全部刻完后，检查线条是否均匀。

拍上印油，完成试印。

2. 可爱小猫章

　　有的印章图案是由几个比较分散的小图案构成的一个整体，那要怎么把它们刻得更整齐呢？一起来看看这个有小猫、小花和字母的印章是怎么刻的吧！

　　把图案转印到橡皮上。

　　用美工刀把橡皮切下来。

　　先观察一下这个图案，取一个整体把它的轮廓刻出来。

　　贴着字母一侧的边缘把轮廓刻出来。

⑤ 字母和头部的连接一条直线带过来，然后刻出小猫头部的轮廓。

⑥ 小猫头部和花朵之间也要一条直线带过。

⑦ 花瓣和花瓣之间的弧度可以转动笔刀来带过，不用另外再下刀。

⑧ 小猫另一侧的花瓣也像⑦一样刻出来。

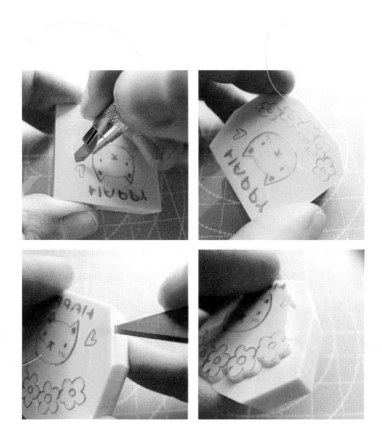

　　花瓣和心形找一个可以切出外侧平留白的距离刻一条直线，直线右边的部分可以用刻搓衣板的方法刻掉。

　　这样大概的轮廓就刻好了，可以把橡皮多出的角切掉。

　　笔刀侧着切，外部平留白。

　　在刻外侧的轮廓时，若下刀深度到位，在切外侧平留白时就不会粘连，会很平整干净。

⑬⑭　小猫和花瓣之间的地方用刻搓衣板的方法切掉。

⑮　之后再把字母和小猫刻出来，处理一些细节的地方就可以了。

⑯　拍上印油，完成试印。

有时候我们选好了图案，可是觉得图案有点儿单一，这个时候，在主图案旁边加上适当的文字和花纹，会让这个画面看起来更加可爱。比如我们接下来要刻的这个小狐狸印章。

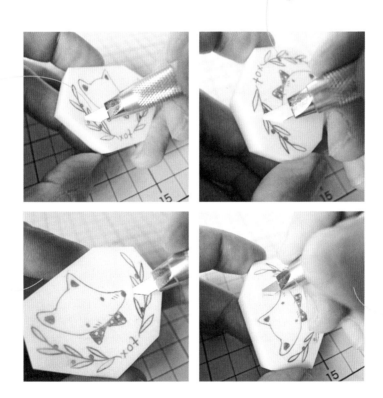

橡皮先切好块，然后笔刀45°下刀，切出大概的轮廓。图中所示笔刀下刀的地方，有一段在切外部平留白的时候笔刀无法到达的空间，先把它排除在外，稍后单独再刻。

② 像这样对外切出个直角，只要在切外部平留白的时候刀刃可以到达。

③ 内部这种不规则的部分，先找一个"整体"刻出形状。

④ 在图中比较宽的位置，我们距离边缘小于刀刃长度的位置侧着下刀，将这个部分切成外部平留白。

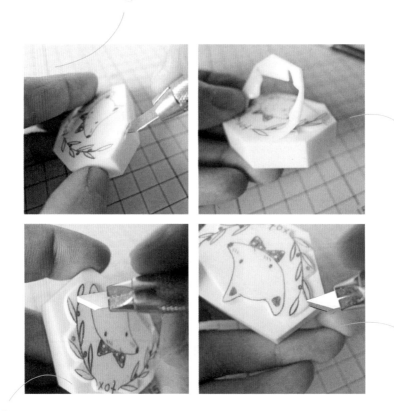

⑤ 整体的轮廓都切好后，先把外部平留白切出来。

⑥ 外部平留白切得好，就可以完整地揭下来而没有粘连。

　　处理刚才没有切掉的缝隙里的一些橡皮，先在一侧倾斜着切一刀。

　　反过来在对面再切一刀。

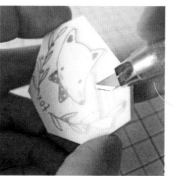

　　笔刀侧切，把这一块完整地切掉，注意和外部平留白保持在一个平面。

　　实心点的部分，先把叶子和茎的一侧刻出来。

　　在叶子和茎这个地方形成的一个三角，贴着实心圆的一侧弧度刻掉，然后再把实心圆的其他部分刻掉。

　　小狐狸和花纹之间的"整体"用刻搓衣板的方法挖掉。

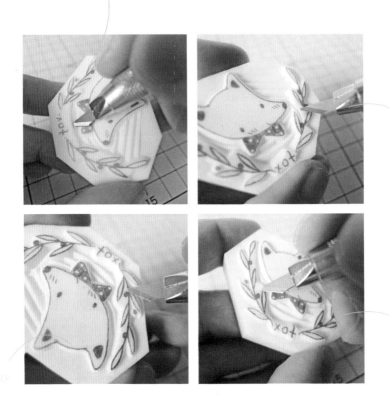

⑬ 小狐狸的领结处可以顺着脸部的弧度来切搓衣板，增添几分趣味。

⑭ 把内部的叶子之间的缝隙都挖掉。

⑮ 如果遇到实心圆贴着茎，便顺着实心圆的弧度再切。

⑯ 再切另外一侧，完整地切下来，在线条比较密集的地方，刀切记不要下得太深。

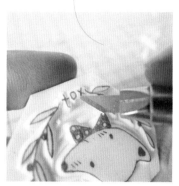

字母的部分，先把字母和字母之间的空隙刻掉。贴着"o"的弧度先刻一侧。

"x"的角度需要两刀来刻完，不要因为小就直接转刀一刀刻完，这样很容易破坏线条。

紧接着把其他缝隙里的也挖掉。

叶子里简单的部分对应两刀挖掉即可。

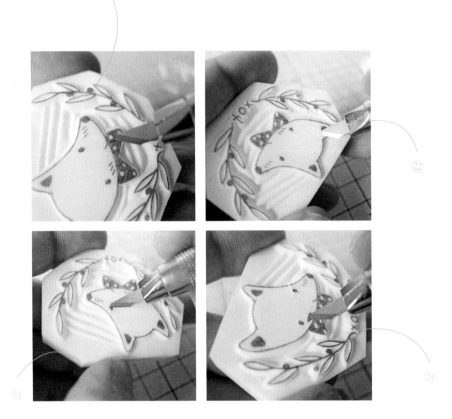

㉑ 转动橡皮，把领结处的波点挖掉。

㉒ 小狐狸的脸部先取一个"整体"，把轮廓刻出来，耳朵的部分要等"整体"部分刻完再刻。

㉓ 笔刀倾斜 45°贴着眼珠的弧度把轮廓刻出来，但是不挖掉。

㉔ 腮红的部分也是把整体的边缘刻出来，稍后再细化。

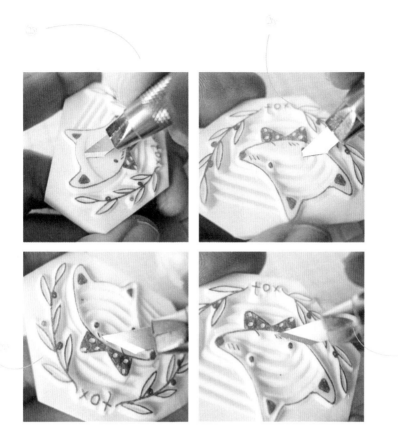

    脸部的留白可以跟着头顶的弧度，用刻搓衣板的方法挖掉多余的橡皮，这样更显生动。

    有下刀不够深的地方或许会有粘连，当觉得无法把橡皮条轻松地刻下来的时候，可以在粘连的地方同一个角度补刀。

    腮红的地方类似漫画里的排线，先把一侧的边缘刻好，注意下刀要浅，不然很容易刻断。

    反方向把多出的橡皮挖掉。

㉙ 再把耳朵的内轮廓刻出来。

㉚ 修整一些刻得不均匀的线条。看到线条不均匀的地方，用笔刀轻刮进行修改。

㉛ 拍印台。

㉜ 试印，完成。

TIPS

涂红的部分，与刻漫画的排线方法是一样的，记得一定要先刻出同一个方向的一圈线条，再反过来一条一条地刻除。

英文字母章

　　除了刻可爱的小动物头像，我们也可以刻字母章，比如英文字母、中文、日文等。这些字母章单独印在卡纸上，或者与其他图案组合在一起，会为整个画面营造出不同的氛围。接下来就教大家如何刻一个英文字母章。

　　转印好图案后把橡皮切成合适的块状。

　　先刻出大概的轮廓，以靠外侧的点构成的线。

　　刻好的外轮廓示意图。

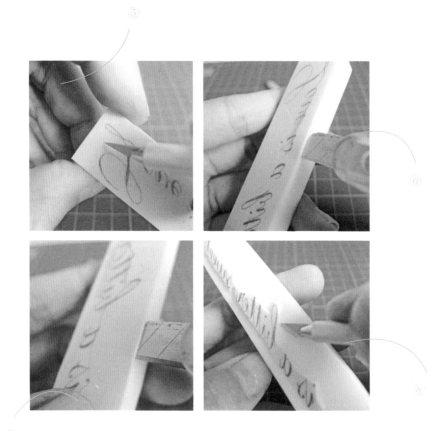

⑤ 图中指示的地方若在刻外轮廓时没有刻到，就等外侧的平留白刻完之后再补刻。

⑥ 用美工刀侧着把外侧的平留白切掉。

⑦ 一些比较宽的地方要控制握刀，尽量不要刻得里面深外面浅。

⑧ 处理一些没切到的细节。

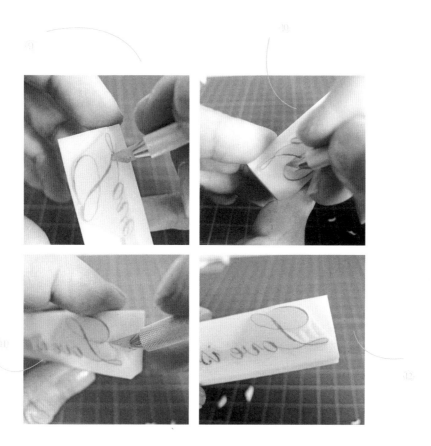

09 把刚才没刻到的外侧橡皮刻掉。

10 反过来再下一刀。

11 用搓衣板留白的方法刻掉多余的部分。

12 刻完后的效果图。

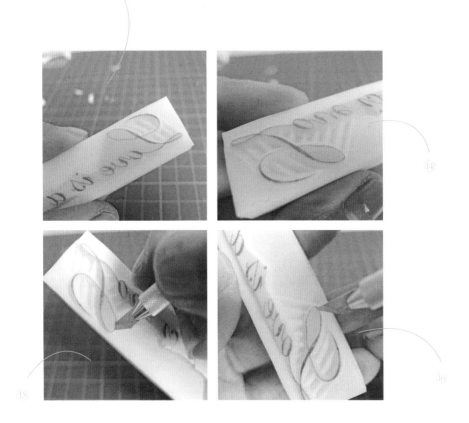

⑬⑭ 其他较大的空隙都可以用搓衣板留白的方法来完成。

⑮ 内部的这种留白可以直接挖掉，在下面弧线中间的位置下刀。

⑯ 反过来再从刚才收刀的位置下刀。

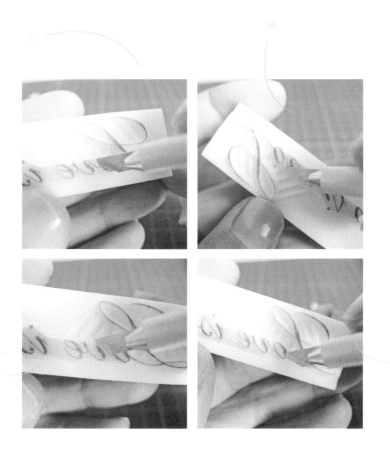

小字母中间的空隙也是先切一侧。

反过来再切另一侧。

一些字母笔触较粗的地方比较圆滑，所以在下刀的时候，直接绕着刻出圆滑的弧度后再往下下刀。

中间是个椭圆的，先刻一半。

再反过来刻另外一半。

完成后的效果图。

若字母中间的空隙较大，也可以用搓衣板刻留白。

反过来刻一刀。

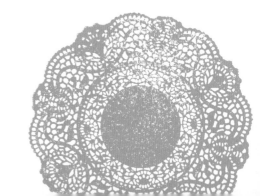

两边都刻好后，中间刻搓衣板。

字母"e"中间的部分可以三次下刀来刻。图中为第一刀。

第二刀。

第三刀刻掉。

㉙ 字母中的点，刚才在刻外侧轮廓的时候就已经贴在点的弧度刻好了一部分。

㉚㉛ 剩下的部分就用笔刀绕着点的轮廓刻出来后，再把以下的部分刻掉。

㉜ 余下的部分都用以上的方法刻掉。

③ 字母章刻完后的效果图。

③ 用可塑橡皮把橡皮屑粘掉。

⑤ 反光检查线条的粗细是否均匀。

⑥ 盖印油试印，完成。

TIPS

刻字时可以先把大框的轮廓刻出来，再慢慢地把每个字与中间空隙的部分刻除。刻的时候要注意下刀的深浅，因为每个字母间距很接近，下刀太深或容易切割出凸出的字球部分，若太浅就会使橡皮之间有连接，再下刀时会出现不平整的情况。

5. 杯子蛋糕章

之前介绍了简单的主版套色（详见 P074），现在将介绍无主版套色，即用各个色块搭配拼成的印章的图案。

选好要刻的图，不同颜色的色块区分要清晰。这个图案一共有五个颜色块，可以看到图上奶油霜的部分一共是两个颜色，相同的颜色只刻在同一块橡皮上即可。

描图。区分色块来描图。

转印。因为要多次转印，所以在刮图的时候稍微轻一些，用 2B 铅笔描的图若较轻转印，那么转印 3~4 次还是比较清晰的。

不同颜色的色块着重转印。转印时要注意橡皮的位置，这样可以省一些橡皮哦！

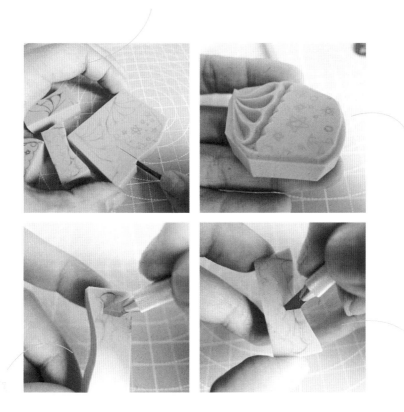

切块。

先把主要线条和色块刻出来。

把中间的部分刻出来。

波浪线的半弧形一段一段刻出来。

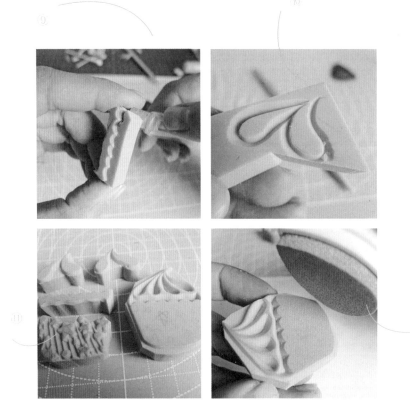

⑨　贴着刻好的印章边缘用美工刀切掉多余的边缘，小心不要切到手。

⑩　把上面奶油霜相同颜色部分的色块刻出来，然后切掉多余的边缘。

⑪　其他的部分同理，奶油霜中间部分的留白不用全部切掉，以免中间连接部分太短而导致在印制的时候移位。

⑫　盖上颜色，先印有线条的主体部分。

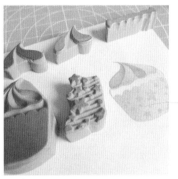

盖上小星星的颜色。

奶油霜的位置要先对准下面两个半弧形，然后再一点点对准上面的尖尖的部分。最后压实。

中间部分要对准下面波浪线尖尖的部分，然后再压实。

完成的效果图。

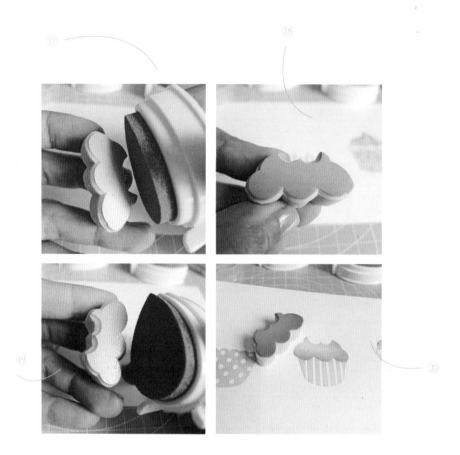

⑰ 中间蛋糕为渐变色，先拍浅色的部分，侧着印台，着重一侧把印油拍上去。

⑱ 拍完黄色的渐变效果。

⑲ 粉色拍法和黄色一样，中间不要有空隙。着重一侧拍上印油。

⑳ 把渐变的印章印到之前印好的蛋糕底座上。

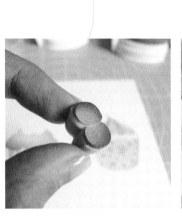

中间的樱桃先拍底色，然后用红色的印台着重边缘拍上印油拍出渐变色。再印上樱桃梗就可以了。

三个不同款式的蛋糕套色图案完成。

TIPS

同一个[印章]上[想做]渐变色处理时[只拍]一个部分，[再拍]深色，[从浅]到[深]的[顺序]，[一遍][遍]的[拍]上[印油][即可]。

6. 樱花章

不同的套色可以搭配出不同的图案效果。我们一起来看看有线条主版图案与无线条主版图案是如何搭配的吧!

① 图案转印好后将橡皮切块。

② 先刻出主要线条的印章。

③ 不是色块的部分外侧多余的橡皮不用切掉,直接切出平留白即可。

④ 完成③的效果图。

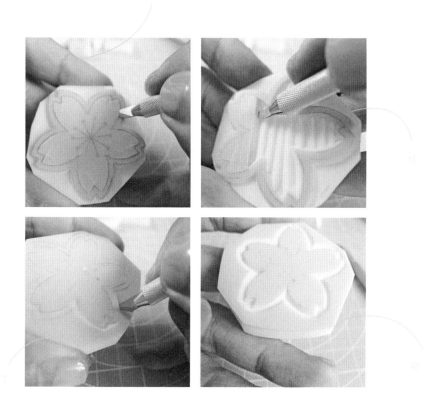

把樱花内侧的轮廓刻出来。

中间的留白用搓衣板的方法来刻。

色块的部分先把外侧的轮廓刻出来。

完成 的效果图。

⑨ 用笔刀把多余的部分切掉，贴着橡皮章的形状切，这样在对角的时候可以直观地看到是否对齐。一个花瓣先切一刀。

⑩ 反过来再切一刀。

⑪ 完成⑨⑩后的效果图。

⑫ 花瓣中间的锯齿也是一样的方法。

完成一个色块的雕刻。

有的色块中间可以用阴刻（详见 P46）的方法刻出纹路。

把需要的印章都刻出来。

拍上粉色的印台。

⑰ 准备好书签纸。在印制的时候可以在书签下面垫上一张纸，只印上图的"一部分"这样看起来会更有层次。

⑱ 中间的色块要做成渐变色，在每个花瓣的尖端拍上其他粉色（较浅）的印台，印台要倾斜着把印油拍到印章上（海绵印台）。

⑲ 从图中可以明显地看到印油拍在印章上的渐变效果。

⑳ 先对准其中一个花瓣的角，再压下印章的时候，再对准其他角，慢慢压下。

㉑　印上中间的花蕊。

㉒　取硫酸纸用纸胶带将其贴在刚印好的图案上。

㉓　沿着刚印好的花朵形状，刻出同样的硫酸纸，小心不要刻到下面的书签纸。

㉔　固定住刚刻好相同形状的硫酸纸，覆盖在下面的图案上，在上面印上其他图案，这样被挡住的部分就不会印到下面的图案上，能营造出层次感。

㉕ 再印上其他花朵的图案。

㉖ 叶子也可以做出渐变的效果，先拍一层较浅的底色，再用印台在一角拍上较深的颜色。

㉗ 将叶子印到书签上。

㉘ 在书签的其他位置印上一些散落的樱花花瓣。

花朵花边章

　　有时候，我们想要刻一些好看的花卉图案，可是因为花瓣中交错的线条和叶子看起来复杂的叶脉，不知道要如何下刀。接下来，就来看看如何完成这样一个线条复杂的花朵印章吧！学会这个印章的刻法，又可以为你的记录本增加一个好看的图案。这里还会教大家使用多色印台，印出渐变色。

① 经过描图、转印、切边后的橡皮章。

② 沿着线条切边，弧线较深的位置先直线带过不刻。先刻"整体"。

③ 用美工刀切外侧平留白，入刀的深浅根据线条边缘的远近决定走向。

④ 外侧平留白完成，一些美工刀没办法切到的地方先用直线带过不刻，等外侧平留白切完，再用笔刀。

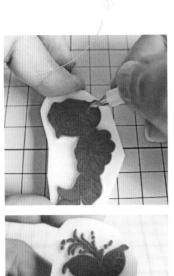
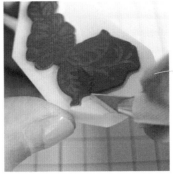

⑤ 在切外侧平留白时无法到达的三角，先刻一侧边缘。

⑥ 反过来再刻另外一侧，然后再用刀尖侧着切掉。

⑦ 再来刻花瓣，因为花瓣的纹理不规则，我们先找到中间空白较大的地方刻掉。

⑧ 花瓣部分，除线条外较大的空白部分都被刻掉了。

⑨ 线条和线条之间，先刻一侧。

⑩ 转过来再刻另一侧。

⑪ 所有花瓣都用同样的方法刻好。

⑫ 先把叶子内侧边缘的线条刻出来。

⑬ 刻另外一侧。

⑭ 将同一个方向的叶脉的边缘都刻出来。

⑮ 再刻另外一个方向的叶脉的边缘。

⑯ 所有叶子都刻完后的完成图。

检查橡皮线条无误后，用可塑橡皮清理碎屑。

拍上渐变印台试印。

试印效果图。

橡皮章还能这么玩

1. 趣味热缩片

　　热缩片是一种胶片，加热后会收缩到原来的 1/6~1/5 大小，用砂纸打磨表面之后用油性记号笔或者彩铅绘制出想要的图案，也可以用印章直接盖印。可以用热风枪或者烤箱加热，比较小的热缩片用热风枪就可以，稍大的建议用烤箱，成功率比较高。

　　我们可以把做好的热缩片做成手机吊坠、胸针等各种小配件、装饰物，送给朋友或者自己佩戴，都感觉棒棒的！

北极熊热缩片

1. 用砂纸打磨热缩片表面，我通常用 1000 目、1500 目的砂纸。

2. 找出要做热缩片图案的印章，拍上印台。有的印台不适合做热缩片，图中用的是月亮猫 BD82 石墨黑。

3. 轻轻放在打磨好的热缩片上，注意轻放不要打滑。

4. 印好的图案用吹风机把表面印油吹干。

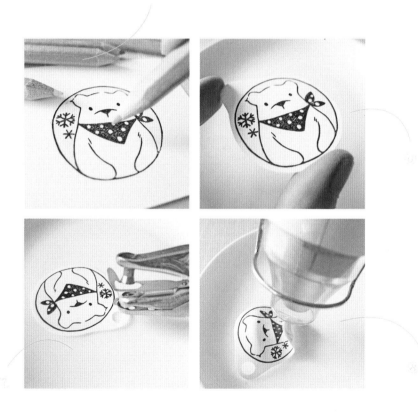

5. 用彩色铅笔涂上喜欢的图案。

6. 剪掉多余的部分，留出要打孔的位置。

7. 打孔器打孔。

⑧ 把热缩片放在一个平底的小盘子上，热风枪在别处预热后再吹热缩片。

⑨ 吹的时候热缩片会跑，可以用小镊子辅助固定。

⑩ 吹完后趁热用平整耐热的物品将热缩片压平即完成。

纽扣热缩片

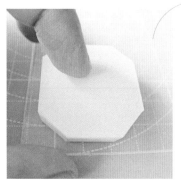

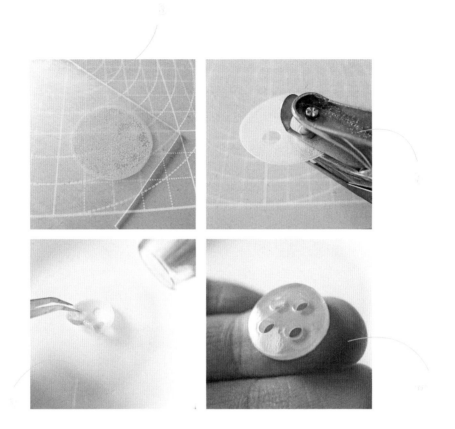

　　盖上喜欢颜色的印台。

　　图中选用的是透明的热缩片，轻轻放好，盖印。个人觉得透明的热缩片用热风枪成功率会比白色的要高一些。

　　用吹风机把表面印油吹干。

　　用打孔器对称打孔。

　　用热风枪吹，用镊子做辅助防止热缩片乱跑。

　　简单的小纽扣完成。

2. 甜甜束口袋

　　自己喜欢的图案除了可以印在手账本、卡纸等各种纸品上，还可以印在布上，做成好看的餐垫、杯垫，或者盖在自己喜欢的口袋、背包上。只要你想要为身边的小物件添加点儿新乐趣、新玩意，那么都可以为它们盖上你喜欢的小图案！

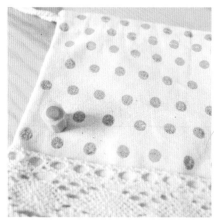

在普通的棉布束口袋上印上简单的小兔图章，瞬间就活泼可爱了起来！

在束口袋的另外一面印上蓝色小波点，束口袋又呈现出另外一种风格！

把小兔图章印在塑料包装纸上，装上礼物送给朋友真的是爱心满满！

TIPS

橡皮章 × 手账本的创意生活

是不是挺喜欢那些让人狂赞的网红手账？

可是不会画画不会排版不会写该怎么办！

只要你学会刻橡皮章，

不仅可以轻松定制私家手账，

还能成为创意十足的手账小能手，

成为美好生活的记录者！

你还可以把心仪的图案印在服饰上，

又或者印制成卡片送给最爱的TA。

只要激发你的想象力和创造力，

一枚橡皮章就足以让你的生活光芒万丈！

轻松找到心仪图案

在没有发现想要动手刻橡皮章的时候，选什么样的图案总是让人头痛。身边有很多刻友都喜欢动漫角色，正在看书的你或许也是其中的一个！其实，橡皮章的图案可以来自很多地方。

1. 网络

动动手指，输入想要的主题，纹样、矢量图，绝对比伸手要来的图案更多。图库网站的图量一定有你喜欢的那一款。另外，画手原创的卡通图案，在进行雕刻前一定要取得画手的授权，这是对他人起码的尊重。

2. 漫画、杂志、影视作品

当在漫画中看到动情处或者喜欢的动画人物，就会想把某一分镜刻下来，我们可以通过网络搜索图片资料。在刻章之前要先想象一下排除掉阴影和网格，只留下线条部分后这个图案刻出来是否好看。有些彩色图片色块部分比较大，我们可以做套色印章；颜色较多而烦琐的地方就保留线条部分；适当保留排线部分和部分阴影，可以让印章印出来的图案看起来更丰富（要保留贴着线条部分的阴影块，一般颜色最深的就是了）。比如动漫人物的头发，要参考整体，如果整个人物都保留了阴影的部分，那么头发处就要保留最深颜色的阴影部分，或者是只挖出头发最亮的部分。

3.生活

原创的图案更让人感到满足和成就感。有自己的风格是最好的。如果一时不知道画什么或者不会画也没关系，我们先从"部分"画，可以只画一个人物的头、一双鞋、一副手套、一朵花。这些小图案也可以带给你感动。然后再在这些图案上添加东西。文字、心情图案、气泡都可以使画面更丰富。还可以设定一个主题，比如森林。提到森林我们就可以把想到的事物画出来，树林、木屋、鹿、精灵等。如果我们画了一个小女孩，那么可以在这个女孩之上做更改，如根据四季、节日等不同，变化更改女孩的穿着。

素材图

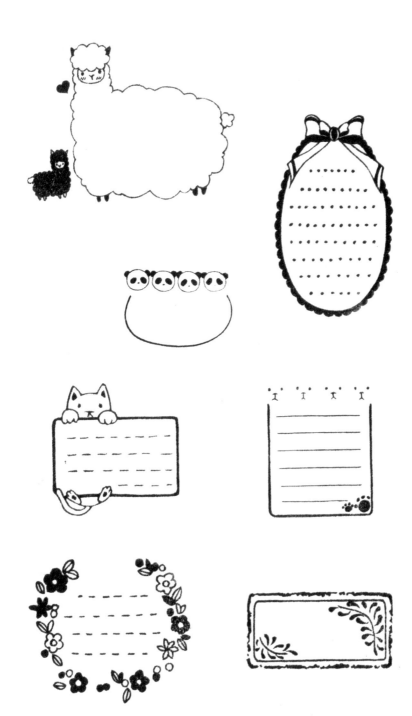

BIRD

Love is a bitter-sweet

shine♥

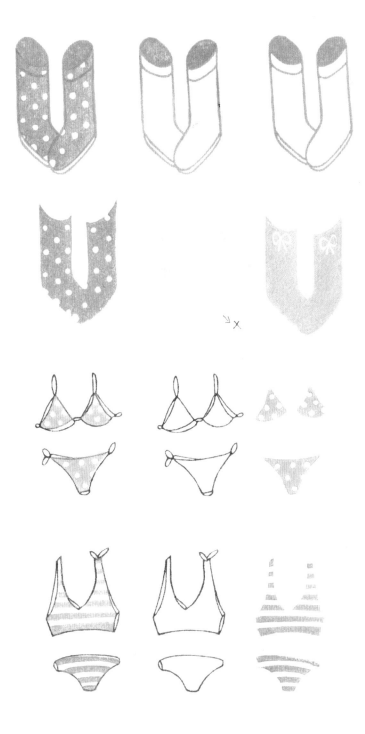

慢得刚刚好的生活与阅读